怕分离，怎么办？

让孩子学会独立

What to Do When You Don't Want to Be Apart

A Kid's Guide to Overcoming Separation Anxiety

（美）克里斯汀·拉瓦利（Kristen Lavallee）
（美）西尔维亚·施耐德（Silvia Schneider）著
（美）珍妮特·麦克唐纳（Janet McDonnell）绘
王 尧 译

化学工业出版社
·北京·

谢谢皮特·安德鲁斯对我的支持和鼓励，本书献给我们的女儿，史黛拉和安妮卡。

——克里斯汀·拉瓦利

我把这本书诚挚地献给所有帮助过我们研究工作的孩子们！

——西尔维亚·施耐德

图书在版编目（CIP）数据

怕分离，怎么办？——让孩子学会独立/（美）克里斯汀·拉瓦利（Kristen Lavallee），（美）西尔维亚·施耐德（Silvia Schneider）著；（美）珍妮特·麦克唐纳（Janet McDonnell）绘；王尧译. —北京：化学工业出版社，2018.4（2021.11重印）

（美国心理学会儿童情绪管理读物）

书名原文：What to Do When You Don't Want to Be Apart: A Kid's Guide to Overcoming Separation Anxiety

ISBN 978-7-122-31725-4

Ⅰ.①怕… Ⅱ.①克… ②西… ③珍… ④王… Ⅲ.①情绪–自我控制–儿童读物 Ⅳ.①B842.6-49

中国版本图书馆CIP数据核字（2018）第046213号

What to Do When You Don't Want to Be Apart: A Kid's Guide to Overcoming Separation Anxiety, the first edition by Kristen Lavallee and Silvia Schneider; illustrated by Janet McDonnell.

ISBN 978-1-4338-2713-6

北京市版权局著作权合同登记号：01-2018-1814

责任编辑：郝付云　肖志明　　　　装帧设计：邵海波

责任校对：宋　夏

出版发行：化学工业出版社（北京市东城区青年湖南街13号　邮政编码100011）

印　　装：北京新华印刷有限公司

787mm×1092mm　1/16　印张5½　字数50千字　2021年11月北京第1版第9次印刷

购书咨询：010-64518888　售后服务：010-64518899

网　　址：http://www.cip.com.cn

凡购买本书，如有缺损质量问题，本社销售中心负责调换。

定　　价：20.00元

写给父母的话

很多孩子在独自做一件事情或者第一次离开父母的时候都会感到紧张，事实上，几乎所有的孩子都会经历这个成长过程（有的甚至从7个月开始），和父母的分离让他们感到压力。即使大一些的孩子，无论是要长时间和父母分开，还是第一次和父母分开，也经常会为此而紧张焦虑，这是完全正常的现象。也许，你到现在还记得，你第一次上学和第一次独自参加夏令营时的紧张感受。

可是，有些孩子的分离焦虑会更加严重而持久，它频繁地出现在学前和上学期间，紧张和压力甚至会持续好几天。和父母的分离让他们非常紧张，让他们感觉这一天很难过去。他们因此而不想去上学，害怕独自睡觉，不愿意和保姆待在一起，也不敢独自一个人待在房间里。他们甚至会做和父母分开的噩梦，身体出现不舒服，比如胃痛。当需要和父母分开时，他们会乱发脾气，甚至请求父母不要离开。分离带来的恐惧影响了他们顺利成长，让他们很难学会独立和负责，也难以学会照顾自己。

其实，任何人都时不时地会有分离焦虑，不过，有些孩子的分离焦虑症状呈现出剧烈性、多样性和持久性，有的甚至会持续一个月乃至更长的时间，影响到家庭的日常生活。当孩子的分离焦虑有这些特征时，他们被诊断为“分离焦虑症”，这时候需要一名具有儿童心理资质的医生——例如一名心理医生或心理咨询师——来做正式诊断。本书可以用来帮助所有受分离焦虑困扰的孩子，当然也包括有分离焦虑症的孩子。如果你认为自己的孩子有分离焦虑症，你还可以和儿童心理医生聊一聊。

引起分离焦虑的因素有很多种，例如性格、思维方式、父母的焦虑以及压力（比如，父母离婚，就会让孩子内心缺乏安全感）。不过，无论是哪种因素，孩子都可以通过学习一些办法来克服内心的恐惧。

本书适合你和孩子一起阅读。每隔几天，你和孩子要一起读一章，这样既有足够的时间阅读和练习各种方法，也不会忘记前面阅读的内容。**本书各章内容依据的是治疗儿童分离焦虑的认知—行为心理疗程，建立在临床研究的实证基础之上。**

练习分离是本书的一个重要部分。这部分给了孩子充分运用所学方法，感受成功的机会。研究表明，经过练习分离或者一次真正分离后，孩子的焦虑会减少。当孩子适应一件事情后，他们会感到自己的焦虑变得越来越少。你们练习得越多，孩子感受到的恐惧越少。适应是“习惯化”过程的一部分。有的父母觉得，自己可以很轻松地和孩子一起做这些练习；有的父母则认为，在儿童心理医生的帮助下做这些练习效果更好。如果你觉得陪孩子做这些练习有点困难，你可以寻求儿童心理医生的帮助。

在你们练习的过程中，你也可以为孩子做一些有益的事情，帮助孩子减轻分离焦虑：

- 保证练习时间。真正完成7—14的练习（每隔7—14天做一次练习）。有的练习可能只需要15分钟，也可能需要2个小时，无论需要多长时间，你都要全神贯注。
- 到了练习时间就马上开始。你拖得时间越长，孩子会越焦虑接下来发生的事情，这就是我们都知道的“预期性焦虑”，克服预期性焦虑是最难练习的部分。
- 要按时连续完成练习，至少每隔几天要做一次练习。
- 选择孩子感到焦虑的事情练习。先从不太焦虑的事情开始，逐步转向更焦虑的事情。如果孩子在做了一些练习后不想再继续练习了，那就从简单的事情开始，然后再慢慢练习困难的事情。
- 试着在不同的地方练习，如家里、学校、保姆或者朋友的家里。
- 强化勇敢和自信行为。表扬是奖励孩子最简单和最自然的方法。在孩子完成目标后，你也可以奖励孩子，比如特别的聚餐，孩子最喜欢的一本书或一个游戏，或者和爸爸或妈妈参加一项特别的活动等。
- 除了积极鼓励孩子的勇敢行为外，要弱化孩子的害怕或过度焦虑行为。比如，如果孩子在上学前哭泣，不要小题大做，及时转变话题或者转移孩子的注意力，等孩子停止哭泣时，要及时表扬他们的勇敢行为。
- 树立勇敢的榜样！从积极的角度看待分离，把分离看成孩子学习和成长的机会。通过肢体语言或者轻松的再见形式（例如一个微笑和挥手，一个轻松的拥抱，一个吻或一次击掌）向孩子展示你的平和。

如果你的孩子有其他的焦虑或烦恼，影响了你们的日常生活，你可以在“**美国心理学会儿童情绪管理读物**”系列丛书中找到帮助，也可以向儿童心理医生或者别的心理专家寻求帮助。

在孩子勇敢和自信的成长过程中，家长要始终保持积极乐观的态度。当孩子从学校、学习营或者朋友家里带回来新的想法时，你始终陪伴在孩子身边，是孩子最好的鼓励者。你能看到孩子过去的恐惧，也能看到孩子现在的勇敢。你能很轻松地面对和孩子的分离，不需要再为孩子是否害怕或伤心而担忧，这种感觉是不是很棒？

目 录

第一章

放飞你的热气球

热气球飞行员的经历往往很精彩。他们飞往不同的地方，欣赏从未见过的风景，探索外面丰富多彩的世界。不飞行时，他们也会和家人或者朋友一起吃饭、聊天和玩耍。他们刚开始飞行时也会害怕，不过他们会慢慢来，先从低空飞行开始，然后慢慢地越飞越高……也就能欣赏到非常棒的风景！

想象你自己就是一名热气球飞行员，正在高高的天空飞翔，你想去哪里呢？你往下看能看到什么风景呢？将你看到的风景画在下面。

有的孩子觉得独自乘热气球飞行很好玩，可是，有的孩子会很害怕。

独自飞行意味着你要离开家和父母，一个人驾驶着自己的热气球。父母平时可能会辅导你、鼓励你，可是当你独自飞行时，一切就得靠你自己了。有时候，你身边也会有同样离开父母的小伙伴们，比如上学时，虽然你和同学们在一起上课，但也是各自负责自己的事情，就好比各自驾驶着自己的热气球。

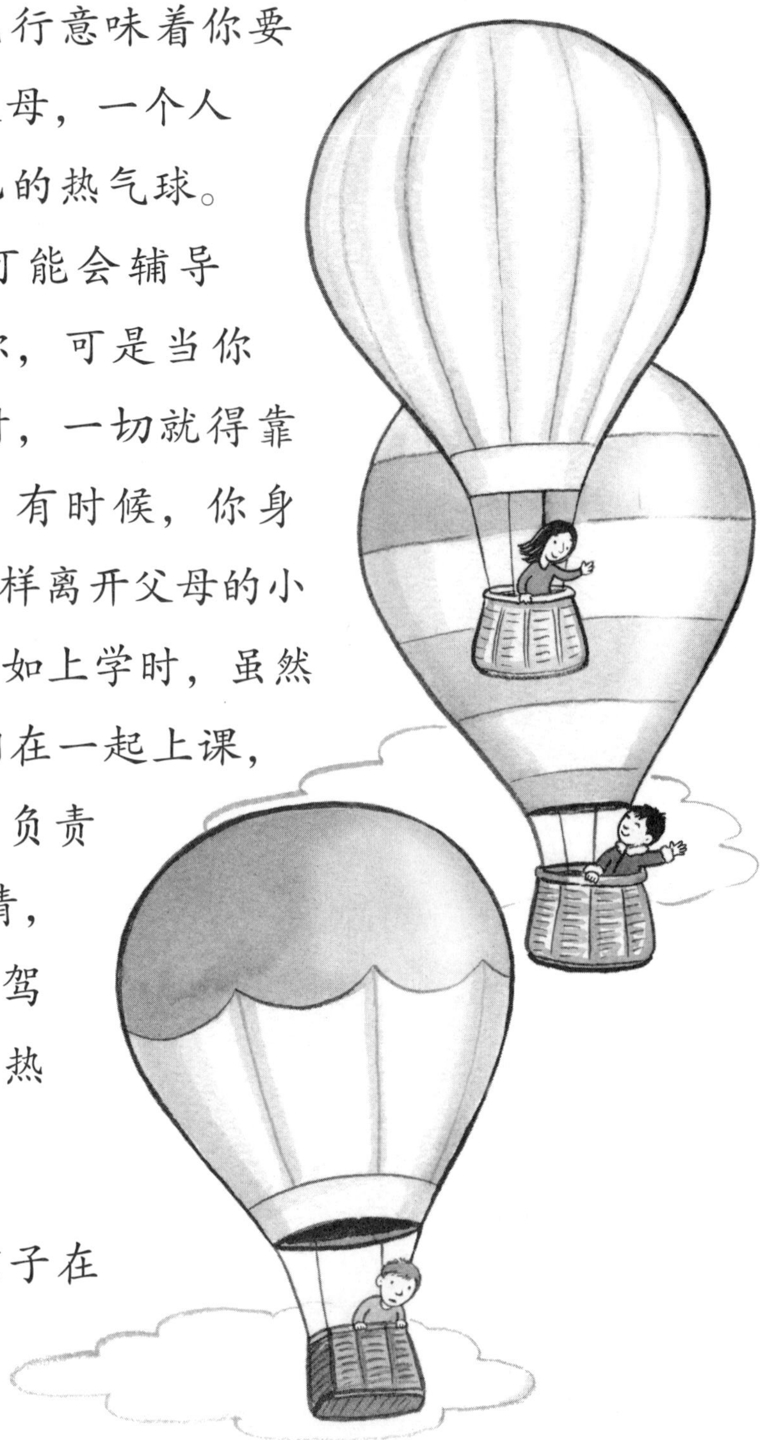

有的孩子在独自做一

件事情或者第一次离开父母的时候会害怕。在这本书里，我们一般会提到“爸爸妈妈”，不过，并非所有的孩子情况都是一样的——你可能只跟爸爸或者妈妈生活，也可能和爷爷奶奶、外公外婆或者别的亲人在一起生活。

无论生活在什么样的家庭中，有很多孩子都会害怕独自睡觉，害怕一个人去上学，害怕一个人去朋友家，有时候，他们还会做一些有关独自做事情的噩梦。这些情况是不是很常见呢？

下面是一些孩子害怕离开大人的情况：

- 自己去上学。
- 独自睡觉。
- 和保姆在一起。
- 参加学习营。
- 在朋友家过夜。

你呢？有哪些情况是你害怕和大人分开的？

有些孩子因为太害怕独自一个人做事情，而影响了每天的日常生活，就好比他们害怕独自驾驶热气球，自然也就无法站在不同的角度欣赏这个世界的美景。

好消息是，有一些办法可以帮助孩子处理与父母分离后的焦虑。这本书就会讨论一些好方法。通过练习这些方法，你就可以战胜分离焦虑，成为一名自信和优秀的热气球飞行员！

焦虑感

每个孩子，甚至成年人，都会有害怕的时候。

感到害怕是很正常的现象，而且也不全是坏事，事实上，有时候害怕甚至能够帮助你。在很久很久以前，如果原始人在野外看到一只猎豹，他们常常会呼吸急促、心跳加快，这时候害怕就很重要，因为害怕能让身体做好防御准备。通过留意身体发出的这些信号，原始人类才能与猎豹搏斗或者逃离到安全的地方。

现在，你可能不会遇到猎豹！但是，有时候你仍然会感到害怕，比如，你不得不走过一条川流不息的马路。这样的害怕很正常，这意味着你的身体在危险的情形下已经做好了保护你的准备。

有时候，我们感到害怕是很正常的，但是在没有危险时，有些孩子还会感到害怕，其实，让他们害怕的并不是真正的危险。这种现象通常被称作**焦虑**。有**焦虑感**的孩子在安全的时候也会认为有危险存在，而且常常会长时间地感到恐惧。

你还记得在第一章里读到的害怕独自一人做事吗？有些孩子因为太害怕独自一个人做事，甚至不

想去上学，也不想做其他孩子觉得很好玩的事情。这是一种被称为**分离焦虑**的**焦虑**。

我们身体的不同部位都能感觉到**焦虑**。想一想动物，动物的身体也会表现出焦虑，比如，你能说出猫害怕时的情形吗？它的背部可能会拱起来，身上的毛也会竖起来。

其实，在你焦虑的时候，你的身体也会发出信号。你可能会发现自己的心跳加快，或者胃痛，还有可能会出汗。

每个人**焦虑**的时候，身体发出信号的部位也不一样。你呢？看看下面的人物图，想一想，在你不得不和父母分开时，你会有什么样的感觉？在下面的人物图上圈出来你的身体信号。

当不得不离开父母时，你的身体是否还有别的感觉？你可以写在下面的横线上。

____

____

____

____

____

____

____

____

____

____

____

____

除了你身体的不同部位会感觉到焦虑外，你可能还会发现，很多想法和你所做的很多事情也会让你感到焦虑，其实这三者都是相互影响的。

也就是说，当你有焦虑想法，比如“万一妈妈不回来了”，然后你再做一些让你感到焦虑的事情，比如跺脚或者坚持不让妈妈离开，你就会让你的焦虑感，比如胃痛，更加严重。

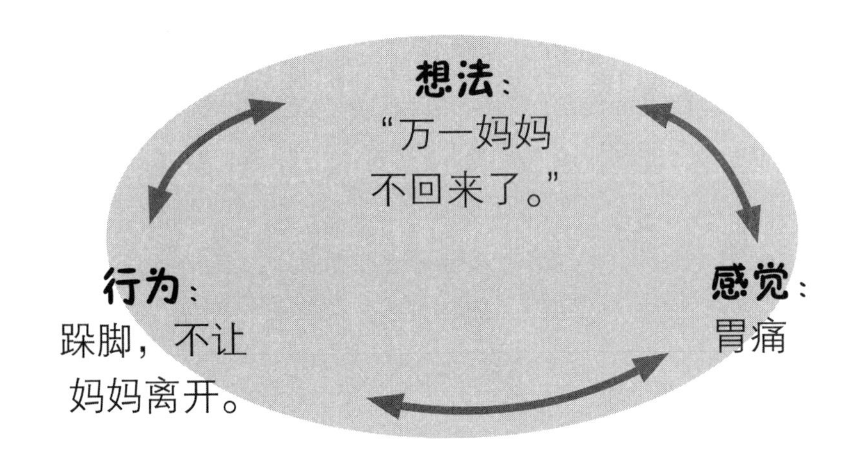

再举一个例子。该上床睡觉了，如果你不闭上眼睛睡觉，反而不停地向爸爸或妈妈要水喝，这些行为只会让你更加疲倦和紧张，加重你的焦虑感。

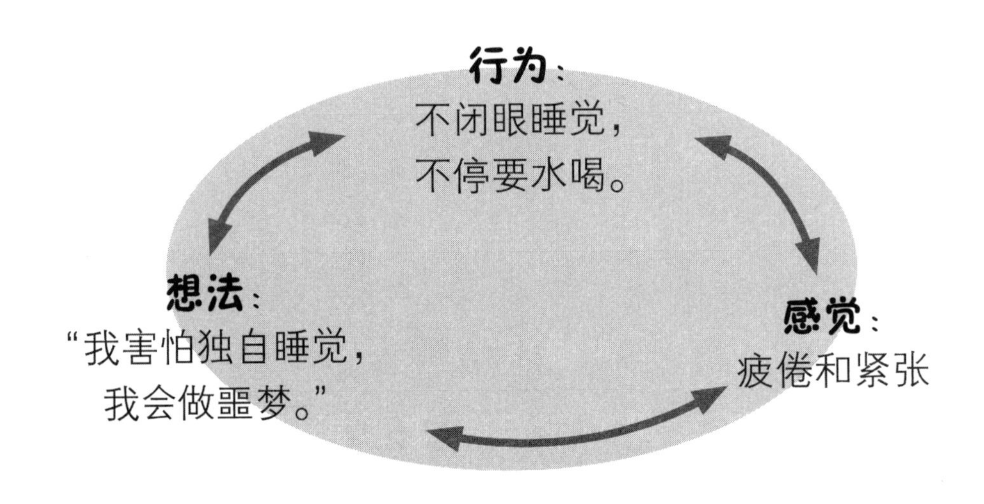

当爸爸或妈妈把乔送到教室门口离开后，他就开始出汗，感到双腿发软。当他有这种感觉时，他会认为上学没意思，然后站在教室门口不想动，这反而让他的感觉更加糟糕。

你能把乔的想法、行为和身体感觉到的焦虑填写在下面的表格上吗？

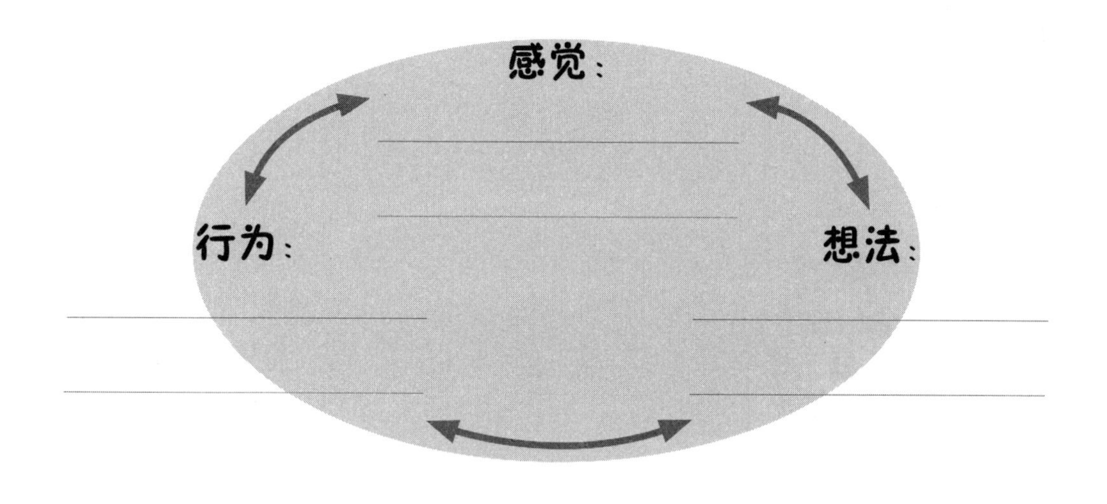

好消息是，乔能够通过一些想法或行为让自己的感觉更好。你也可以学习和掌握这些想法和行为。在接下来的章节中，我们将会学习一些“飞行课程”，了解如何改变自己的想法和行为，从而让我们的感觉越来越好。

观测能见度

当一名飞行员准备起飞时，他需要做的第一件事情就是观测能见度，他需要确保天气适合飞行，而且天空中没有乌云遮挡视线。

还记得上一章中的那个环形吗？人的想法、行为和感觉是相互影响的。

这意味着，你的**想法**能够影响你的**感觉**和**行为**。

有时候，有些孩子的一些想法会让他们更加焦虑。

这些想法，就像天空中的乌云一样，让人难以看清楚事物。

下面是有些孩子害怕和爸爸妈妈分开的想法：

保姆不友好，
和她在一起
没意思。

妈妈离开后
就会出事，再也
不会回来了！

我在学校里
总迷路。假如
我找不到路可
怎么办？

我的床底下
有一只怪物，
当我在床上睡着了，
它会出来咬我的。

你觉得这些想法会减缓焦虑，还是会加重焦虑？离开爸爸妈妈，独自做事是很难，但上面的这些想法会让情况变得更加糟糕。这些让你更加**焦虑**的想法就是**无益想法**。

无益想法通常是不真实的。注意一些关键词，比如“从不”“总是”“不可能”。如果你的想法里有这些极端的词语，那么，你就能非常肯定地断定这些想法是无益想法。你可以通过**现实想法**来战胜无益想法。与无益想法比起来，现实想法的真实可信度更高。

例如，下面是一些现实想法，可以用来代替前面提到的无益想法：

我可以找一些好玩的游戏和保姆一起玩。

以前妈妈总是很快就回来了，这次也会一样。

以前我都会找到路，而且我还可以向老师问路。

世界上没有怪物。

你能想到别的现实想法吗？

卡拉害怕去好朋友简的家里过夜。她觉得离开爸爸妈妈后，肯定会发生一些不好的事情。她的脑子里很乱，有很多不同的想法，有一些就是**无益想法**。将下面的**现实想法**和对应的**无益想法**连起来，让卡拉知道哪些**现实想法**可以代替**无益想法**。

无益想法

- 简想玩的游戏，我不会玩。
- 简的家人会做我不喜欢的食物。
- 我不知道该跟简的父母说什么，他们会认为我不聪明。
- 妈妈会因为想我而哭一晚上。

现实想法

- 我可以看说明书或者让别人帮我来玩新游戏。
- 我可以和简的父母聊聊吉他。我正在学弹吉他，而他们也会弹。
- 爸爸妈妈可以去电影院看一场很棒的电影。
- 简会准备她爱吃而我也可能爱吃的食物。

这个过程需要不断练习，不过，你还可以针对性地想出一些**现实想法**来应对**无益想法**。想一想，当你因为要离开爸爸妈妈而感到焦虑时，你有过哪些**无益想法**？将它们写在下面的云朵里。

现在，你能想到一些**现实想法**吗？将它们写在太阳的光线上。

“太阳”会帮助你驱散心理的“乌云”，从而让你更清楚地看问题。我们把这个方法称之为“提升你的可见度”。

调高温度

当飞行员想让热气球飞得更高时，他需要调高热气球内部的温度，温度越高，热气球就飞得越高。

用**向上想法**鼓励自己，增强自信，就好像调高热气球内部的温度一样。调高温度能让热气球升高，同样的道理，**向上想法**会激励我们积极向上，让我们更勇敢。

想一些向上想法，就像是自己跟自己进行一场鼓舞人心的谈话。假如你最好的朋友必须鼓起勇气去表演话剧或者参加学习营，或者做其他事情，你会说些什么话来鼓励她，让她更加勇敢呢？

你也可以想一些向上想法鼓励自己，增强自信，让自己成为自己的一名好朋友。向上想法是鼓舞人心的想法，它会提高我们的自信，让我们做内心强大的自己。

下面是孩子们的一些**向上想法**：

“我在学校里会学到很多东西。”

“在课间休息时，我可以和朋友简一起玩。”

“在美术课上，我可以给妈妈画一幅美丽的画。”

“在朋友家里，我会看到一场有趣的电影。”

“我可以和保姆一起做一个美味的蓝莓饼。”

“当我独自一人时，我能勇敢自信。”

“在学校里，我有值得信赖的好朋友。”

“爷爷奶奶很爱我，在他们家，他们会对我很好。”

“只要用心，我就能做好。”

下面是孩子们正在想的一些**无益想法**！你能想一些**向上想法**，帮助他们战胜无益想法，让他们感觉更好吗？

在游泳课上，
我谁也不认识，
而且也没人
喜欢我。

我去上学时，
爸爸和弟弟在一起，
他会逐渐爱弟弟
胜过爱我。

你能想到更多的向上想法吗？在每个热气球上写一个向上想法，给热气球加热，让它们飞得更高！

现在做一张卡片，把你喜欢的**向上想法**写在上面，然后叠好放进口袋里。无论什么时候（比如当父母准备外出时），当你想用你的向上想法，你就可以把它取出来。如果你喜欢用手机，你也可以在手机上设置提醒，提示自己想一些向上想法。任何时候，一旦你开始有像乌云一样的**无益想法**，你就可以用**现实想法**和**向上想法**来提醒自己。

解除沙袋

有时候，热气球的四周会绑上沙袋，让热气球降落。要想热气球升空飞翔，飞行员首先要解除沙袋。

前面两章谈的都是你的想法，现在，我们要想一想，当你不得不离开家或是爸爸妈妈时，你会做哪些事情呢？要知道，你的想法、感觉和行为是相互影响的，你**做**的事情会影响你**思考**和**感觉**的方式。

因为害怕和爸爸妈妈分开以及害怕独自一个人而焦虑时，孩子们可能会做下面的一些事情：

- 抱着妈妈，不让妈妈走。
- 向爸爸哭闹，请求爸爸不要离开。
- 让老师每隔五分钟就给妈妈打一次电话。
- 假装生病，让爸爸再回来。

你有没有过这些行为呢？这些行为就像热气球四周的沙袋一样，让你的热气球飞不起来。

哪些行为会让你缺乏自信呢？将它们写在热气球旁边的沙袋上。

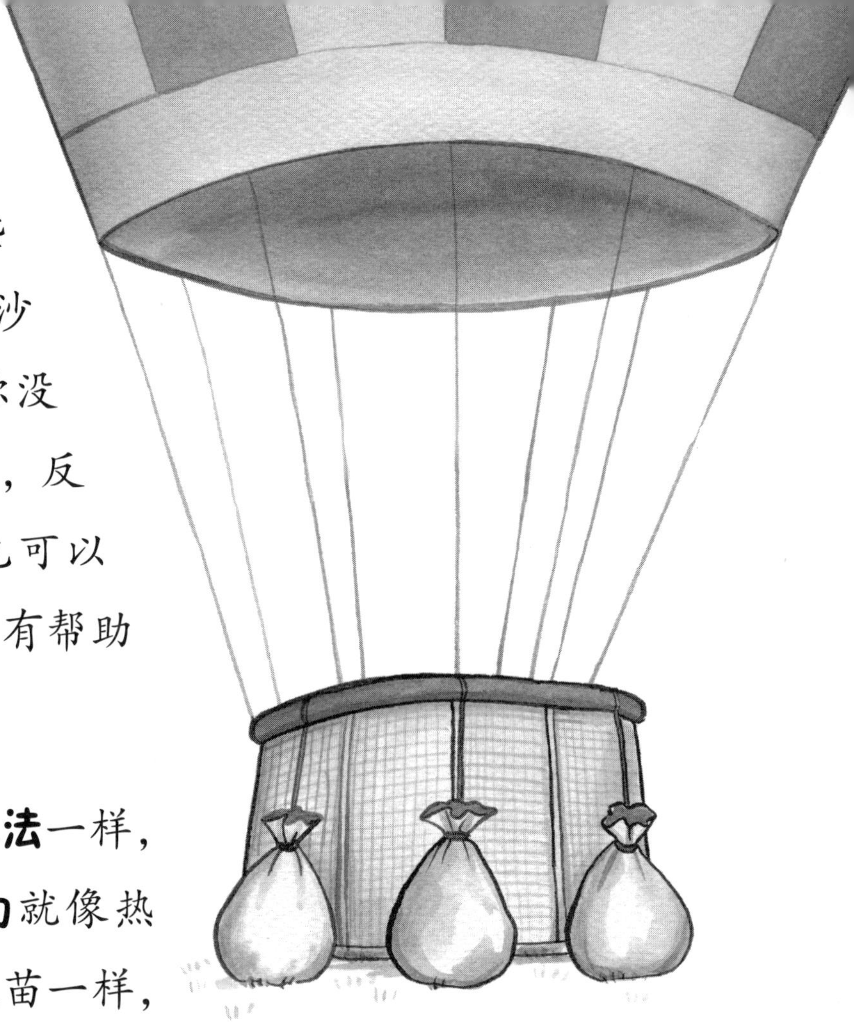

虽然那些无益行为像沙袋一样，让你没有自信，但是，反过来想，你也可以做一些对自己有帮助的有益行为。

跟**向上想法**一样，这些**有益行为**就像热气球内部的火苗一样，给热气球加热，让你的热气球飞起来。

在你不得不和爸爸妈妈**分开前**，下面是一些有益行为的例子。

如果你不得不独自去一些地方，如去学校、独自睡觉，又或者爸爸妈妈要外出，如出去吃饭，留你一个人和保姆在家，这时候，你就可以用这些有益行为。

- 对爸爸妈妈说，希望他们玩得开心。

- 告诉爸爸你的感觉（悲伤、恐惧等），并且你会试着克服它们。
- 告诉爸爸妈妈，你会更勇敢。
- 说“一会儿见！”
- 给妈妈一个大大的拥抱，然后去上学。
- 深呼吸，然后从一数到十。
- 告诉老师，自己觉得害怕但会努力克服。
- 让妈妈鼓励你。

有时候，孩子们特别不想说甚至害怕说“再见”这个词，因为这个词没有明确说明什么时候会再见到爸爸妈妈。所以，我们可以说一些不包含“再见”这个词的话，比如人们常常用“一会儿见”或者“回头见”来代替，这些话很清楚地表示你们分开的时间并不长，并且会很快再次见面。如果你觉得这个办法对自己有用，下次，你可以试着用“一会见”来代替“再见”。

在你和爸爸妈妈**分开期间**，你也可以做一些**有益行为**，就像下面这样：

- 看你喜欢的故事书。
- 为爸爸妈妈做一件特别的事情，等他们回来时给他们一个惊喜。
- 玩你喜欢的游戏。
- 深呼吸。
- 抱一抱朋友。
- 抱着宠物玩。
- 和保姆玩耍。
- 休息时编一个新游戏。
- 听音乐或者写一首歌。
- 努力写作业。
- 给朋友打电话。

- 握着你的幸运物，比如一块特别的贝壳或者石头。
- 紧握拳头，接着松开，然后依次收紧身体其他部位（脸部、胳膊、腿和腹部）的肌肉，再放松。
- 运动，比如开合跳或者在合适的地方跑步。
- 整理你的图书和玩具，以后也不用再为此而烦恼。

在你和爸爸妈妈分开前以及分开期间，你还能想到其他的有益行为吗？

分开前

____

____

分开期间

____

____

还记得前面看到的想法、感觉和行为相互影响的环形吗？现在你已经学习了一些有益想法和有益行为，那么接下来，让我们看看，它们之间是如何相互影响的。

埃利斯的爸爸妈妈要去学校开家长会，他要和保姆待在一起。起初，他内心焦虑不安，不想一个人留在家里，他哭着抱着妈妈，不让妈妈离开。

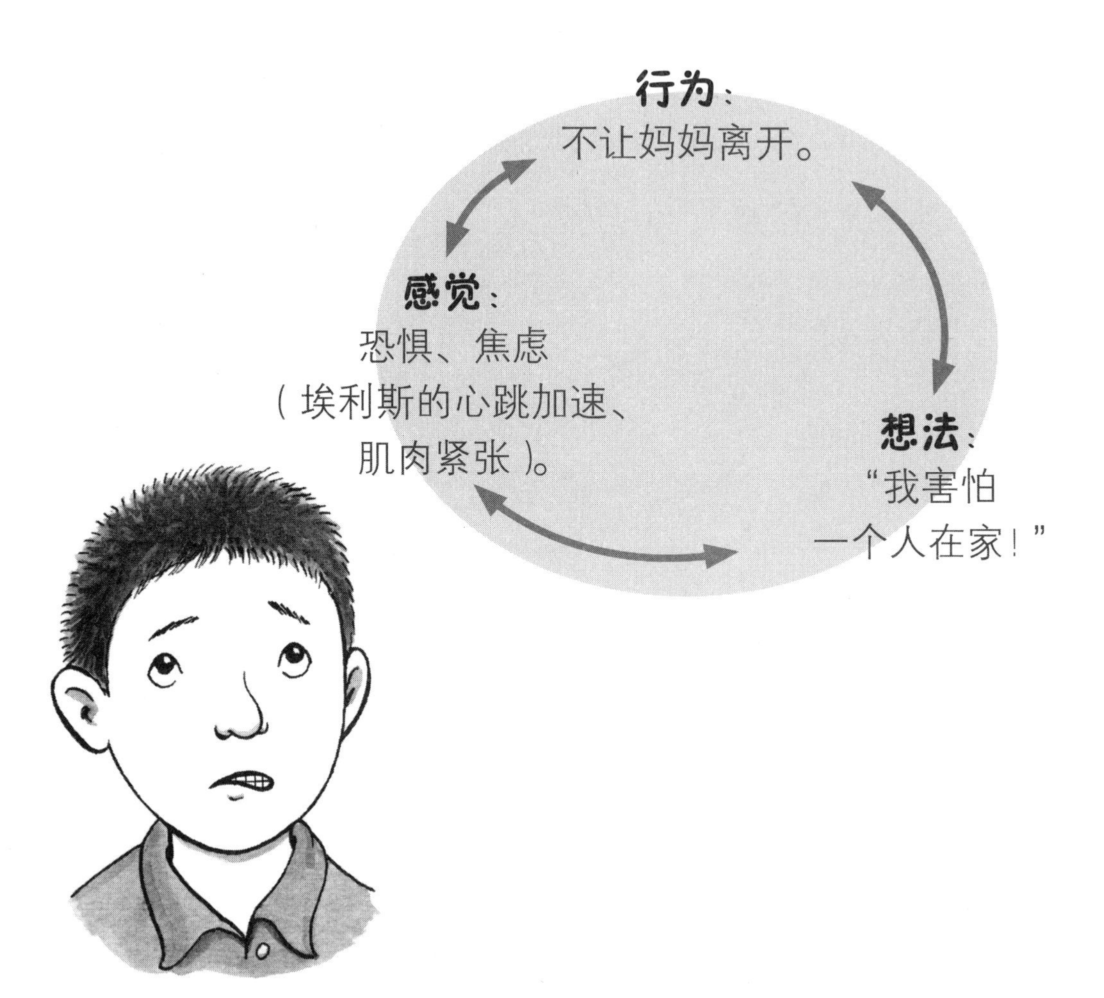

接着，他尝试做了一个**有益行为**，我们看看，这是如何改变他的想法和感觉的。

行为：
对妈妈说希望她这段时间很开心，等妈妈回来的时候，再让她讲讲发生了哪些愉快的事情。

感觉：
平静（埃利斯的心跳速度慢了下来，身体也放松了）。

想法：
我会想妈妈，但我很快就又能见到她了。

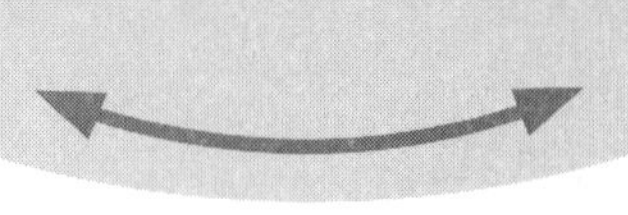

让我们接着帮助埃利斯吧！你认为下面这些行为是如何影响他的想法和感觉的？

行为： 给妈妈画一幅画。 → **想法：** ____________ → **感觉：** ____________

行为： 挑一些游戏和保姆玩。 → **想法：** ____________ → **感觉：** ____________

行为： 用乐高积木搭一座大厦，等妈妈回来后给妈妈看。 → **想法：** ____________ → **感觉：** ____________

现在轮到你啦！在接下来的几天里，当你每次不得不离开爸爸或妈妈时，请将你的行为、想法和感觉（包括你身体的哪个部位感到的）填在下面的表格里。

	第一次	第二次	第三次
我在哪儿?			
我做了什么?			
我是怎么想的?			
我有什么感觉?			

你有没有试过其他的**现实想法**、**向上想法**或者**有益行为**，让你的感觉更好呢?

慢 慢 来

想象一下，你现在正在空中飘浮的热气球里。

随着热气球慢慢升高，你看着下面的树木变得越来越小，浅浅地，你能看到大片的田野和森林！

驾驶热气球跟赛车不一样，你不需要飞快地冲向终点，你可以在热气球里慢慢地享受飞行，尽情地欣赏四周的景色。

同样的道理，在你练习驾驶热气球时，慢慢来也很重要，因为这可以帮助你逐渐地适应不同的高度。

那么，我们想一想，慢慢来是如何起作用的。

你有没有学过骑自行车？你刚开始学骑自行车时，你觉得很难，但经过多次练习，你骑自行车越来越稳，不再像开始那样轻易地从自行车上掉下来。

学游泳也是一样的——刚开始感觉很难，但是通过不断练习，你学会了踩水，甚至会“狗刨式”游泳了。

除了上面提到的，你还能想到别的一些事情吗？这些事情一开始对你来说很难，但是通过不断练习变得更容易了。

回想一下让你一开始就感到害怕的事情，比如骑自行车、游泳或者是你刚才写下来或者画下来的事情。现在，我们用下面的图来展示你在不同时期的害怕程度。在左边的那一列中，圈出来当你刚开始做这件事情时内心的害怕程度；在右边的那一列中，圈出来你经过练习后再做这件事情时内心的害怕程度。然后用线将它们连起来。

从上面的图中，你能看到害怕程度是如何下降的吗？你可能会想起来，随着你练习这件事的次数越多，时间越长，慢慢地，在练习这件事之前，你的恐惧感就会越来越小。

现在想一想，当你要离开爸爸或妈妈的时候，你会如何看待自己内心的恐惧呢？

你可能会认为，你的焦虑像大山一样，会永远压在你的心里，不会离开。

你甚至会认为，过了一段时间后，焦虑会越来越严重，就像喷发的火山一样。

但是，在我们的实际生活中，面对让你感到焦虑的事情，你练习的时间越长，比如骑自行车，你就会越来越适应这件事，焦虑感自然就会下降。恐惧就像太阳底下的一块冰——会随着时间的流逝而越来越小。

虽然玛雅知道练习的重要性，可是当她要参加夏令营时，她的内心还是很焦虑。每天早上，一想到要去夏令营，她就很烦。去夏令营的第一天，她不停地哭啊哭啊，还说自己胃痛，妈妈只好让她待在家里，这让她感觉好多了。可是，我们猜一下，第二天，玛雅不得不去参加夏令营时，她内心的感觉是什么样的？她的内心仍然充满了焦虑，而且，比前一天的焦虑更严重！

其实，玛雅并没有真正克服内心的恐惧，躲在家里，看上去好像有帮助，其实，这并不是一个真正解决问题的好办法。因为当你在躲避恐惧时，恐惧还会再回来。

玛雅决定在第三天去夏令营前练习这件事。

在第二天的晚上，玛雅和妈妈在家里练习说再见。第三天一大早，妈妈就送她到夏令营了，这样，她能够在小伙伴们到来之前，练习进入营地。

玛雅很勇敢，多次练习后，她每天都能顺利参加夏令营，而且，她发现在接下来的几天内，自己不再焦虑了。

一周结束时，她已经很喜欢去夏令营了，跟妈妈说再见时，也不像以前那么难过了。

面对让自己害怕的事情，如果不练习如何应对这些事情，你的恐惧只会越来越强烈。比如，如果你不练习骑自行车或者驾驶热气球，你这方面的能力就会逐渐变得生疏，下次再去做的时候就需要加倍努力才能记住怎么做。所以，为了克服内心的焦虑，你需要多加练习。你可以使用**现实想法**、**向上想法**和**有益行为**来帮你适应——甚至享受——现实生活中让你感到紧张的事情。你练习得越多，事情就会变得越容易，就像练习骑自行车或者驾驶热气球一样。无论刚开始时焦虑看起来有多强大，最终，它都会被你打败。

在你学骑自行车时，只要你坚持到底不放弃，你骑自行车的焦虑感就会越来越少；同样的道理，如果你害怕和爸爸妈妈分开，只要你不断练习这件事，你内心的焦虑也会越来越少。不要逃避，勇敢面对内心的恐惧。当你坚持做让你焦虑的事情时，我们把这种行为称为**正视焦虑**。只有正视焦虑，才会让焦虑随着时间而越变越少。

在接下来的章节中，我们会制订一个飞行计划，练习打败焦虑。你越正视你的焦虑，练习得越多，焦虑就会消失得越快。然后，你就可以驾驶自己的热气球，尽情地享受生活的乐趣了。

制订飞行计划

要想成为一名优秀的热气球飞行员，关键是要投入大量时间——这意味着你要花很多时间来练习飞行。刚开始学习驾驶热气球的时候，并不是想飞多高就飞多高，而是要从低处开始，然后再慢慢升高——升到能掌控的高度——慢慢地，一步一步来。

练习独立自主，也是一样的道理，你可以先从不太难的事情开始练习。它可以是一件有点困难的事情，这样你就可以挑战自己；接下来，你可以尝试更难一点的事情，你可以按照这个步骤坚持练习，直到你实现目标。

想一想，有哪些事情是你打算勇敢去做的呢？

提示一下，你可以回到第一章的结尾，看看在那个方框里，你写了或者画了哪些事情。

你可以想一些困难的事情，也可以想一些让你焦虑但不太难的事情，下面是一些例子：

- 难：在朋友家里过夜。
- 不太难：在朋友家里吃晚饭，或者看电影。
- 难：和保姆待上几个小时。
- 不太难：和保姆待上15分钟，可能会容易些。
- 难：在自己的房间里独自睡觉。
- 不太难：在自己的房间里独自玩耍15分钟。

试着想出来你想勇敢去做的3—6件事情。

1. ______________________________

____

2. ______________________________

____

3. ______________________________

____

4. ______________________________

____

5. ______________________________

____

6. ______________________________

____

我们用温度计来标示你在每件事情中感到的害怕程度，然后把它们排序。把最容易的事情放在温度计的下面，最难的放在温度计的顶端，但是在这两者之间，要保证至少有一到两种是比较容易、中难度和高难度的事情。

我们把这些事情制订成飞行计划，然后开始花时间练习，把最容易的事情排在最前面。

接下来，我们要挑选一些事情开始练习，先从容易的事情开始。

首先，看一下你用温度计排出来的那些事情，你可以和爸爸、妈妈或者其他大人一起来挑选。

仔细看一下每一件事情，然后大家一起决定要练习哪些事情以及练习的顺序，一般都是从让你紧张不安但最容易练习的事情开始。

将你要练习的事情写在第68—69页飞行计划的最左列，还要写下都有谁参与，以及他们会做什么。

让我们看一看，伊莎贝拉的飞行计划。

伊莎贝拉的飞行计划

练习前填写

事情	**谁会参与？ 他们会做什么？**
妈妈要出去，我要和保姆在一起 20 分钟	• 妈妈、保姆。 • 保姆来了，妈妈亲了我一下，给了我一个拥抱后就离开了。
妈妈在家里，我要和保姆一起去外面散步一个小时。	• 妈妈、保姆。 • 保姆来了，妈妈给了我一个拥抱，说“一会儿见”，然后我和保姆就离开了。
在朋友家过夜	• 朋友，朋友妈妈，我爸爸。 • 朋友和她妈妈来接我，爸爸留在家里，我和爸爸拥抱后说了声再见。爸爸给了我一块幸运石，让我随身带着。

她把练习每件事情前后的焦虑程度也进行了打分，数字“1”表示“不焦虑”，数字“10”表示“非常焦虑”。

		练习后填写	
我会怎么想和怎么做？	你需要多长的练习时间？	练习刚开始时的焦虑程度（1–10）	练习到结尾时的焦虑程度（1–10）
告诉妈妈，我很快就能见到她了。提醒自己，我很勇敢，我能做得到！和保姆一起玩游戏。	20分钟	3	1
看我的向上想法的卡片，给保姆唱我最喜欢的歌。	1小时	5	2
我把石头放进口袋里，和爸爸击掌。我想：“我会在朋友家里玩得很开心，我回来时爸爸也在家。”	一个晚上	9	3

你注意到伊莎贝拉在“我会怎么想和怎么做?”这一栏中的想法了吗?你也可以在这一栏中运用之前在第3章到第5章中学到的方法。你可以用**现实想法**战胜**无益想法**,用**向上想法**鼓励自己,还可以做一些**有益行为**,比如玩游戏、看自己向上想法的卡片、带一个幸运物或者与保姆聊天,等等。从中你就会知道哪些方法会让你更加勇敢和独立。在伊莎贝拉的想法中,有没有对你有帮助的想法?

现在轮到你了！你可以跟爸爸或者妈妈一起填写后面的飞行计划，在填写前，你可以先把这个空表复印一份，这样，你就能练习更多的事情了。

第一次练习时，选择一件让你紧张不安但容易练习的事情，然后再做难度大一些的事情。练习时，回想一下之前学过的，要想给热气球加热让它飞得更高，你应该怎么想，又该怎么做呢？记得使用**现实想法**、**向上想法**和**有益行为**！

尽快地开始练习。拖得时间越长，分离就会变得越困难。实际上，面对跟大人分开，你想这件事时产生的焦虑，要比真正分离时产生的焦虑更难克服。

现在先将最后的两列空着。在第二行和第三行，你可以为一个中等难度和大难度的事情制订练习计划。

你的飞行计划

练习前填写

事情	谁会参与？ 他们会做什么？

		练习后填写	
我会怎么想和怎么做?	你需要多长的练习时间?	练习刚开始时的焦虑程度(1－10)	练习到结尾时的焦虑程度(1－10)

还有一个好玩的练习方式！如果可以，每当完成一件事情后，你可以跟爸爸妈妈或者其他跟你一块读这本书的大人提出一些奖励。对容易一些的事情，提出一些小奖励；中等难度的事情，提出一些中奖励；大难度的事情，提出一些大奖励。下面是一些奖励的例子：

小奖励：

让爸爸或妈妈陪着你玩游戏，去附近的操场玩，或者一起读书。

中奖励：

和爷爷或奶奶来一场特别的聚餐，一起烧烤，或者在客厅举办一场舞会。

大奖励：

去动物园或水上公园玩。

你和爸爸妈妈想出来哪些奖励呢？这些奖励是小的、中的还是大的，完全由你来决定。

小奖励

中奖励

大奖励

现在，如果你已经制订好了飞行计划，那么就起飞吧！

起飞，合理安排时间！

在这一章里，你要着手实施你的飞行计划，为成为一名优秀飞行员而开始练习。

完成飞行计划可能需要一周甚至几周的时间，因为每练习一件事情后，你都需要观察自己的感受，而每一件事情可能都需要几天的时间。

虽然实施飞行计划需要时间，但是，关键在于，你的时间和精力都是投入到提升现实生活的能力上。

要知道，每一名飞行员在成为优秀的飞行员之前，都需要大量的时间练习飞行！

下面是一些有助于你成功练习的提示：

1. 在正式练习前，尝试用角色扮演来演练。它就像

练习的练习。例如，你可以假设妈妈要出门了，然后练习你应该做什么。这样的话，当妈妈真要离开一段时间，需要保姆来照顾你时，你就会知道应该做什么了。

2. 家里是你练习的首选地点，因为你不会被他人干扰。如果你要在学校练习，请试着在正式上课前和老师一起练习，这样就不会有太多围观的人干扰你。

3. 一旦练习的时间到了，就马上开始——不需要说太多的理由。最难的部分是你和爸爸妈妈分开前以及你对他们说再见的时候。练习时，马上去做要比说太多重要，做到这一点，接下来的事情就容易多了。

4. 练习一件事情时，要给自己足够的时间减轻焦虑。同一件事情，你可能需要练习好几次。例如，如果你要和保姆在一起20分钟，你就会发现，在这20分钟里，你的焦虑会越来越少。接下来，随着你练习这件事情的次数增多，你的焦虑就会越来越少。

5. 刚开始练习，你会感到有点儿焦虑。如果你感觉不到一点儿焦虑，那么，你的第一次练习可能选择了一件太容易的事情，请试着换一件事情来练习吧。

6. 按照你的飞行计划，记录好每次练习。当事情看起来很困难的时候，你可以看一下之前自己做得有多棒，鼓励自己坚持下去。

7. 每天都做练习。每隔7－14天，做一个模块的练习。先从最容易的事情开始，在一周或两周后再练习难一点的事情。一件事情需要练习的次数，完全取决于你和你的父母以及你所选择事情的难度。在练习最容易的事情时，有的孩子可能只需要练习一次，有的孩子则需要练习三次才能让内心轻松一些，之后再练习另一件事情（中等难度、大难度，等等）。

8. 如果需要的话，你可以在一天或两天内，练习2到3次同样的事情。尝试越来越长的分开时间。

比如，如果爸爸妈妈这次离开房间15分钟，那么下次就尝试30分钟，再次尝试一个小时或者更长时间。

准备好开始了吗？先从飞行计划的第一件事情开始。来到你将要做练习的地方，准备开始。看一下自己的飞行计划，然后在开始练习前，也就是在爸爸或妈妈离开前，把自己的焦虑程度列下来。

做完练习后，在飞行计划的最右列，填上你练习到结尾时（爸爸或妈妈回来前的几分钟，练习马上结束）的焦虑程度，这时，你的感觉是不是好多了？

为了多安排几次练习，你可以使用飞行计划表的复印件，也可以另外用单独的纸制订新的飞行计划。当你练习了7—14天后，如果你发现，你的焦虑变得越来越少，那么，你就可以学习下一章的内容了。

勇敢面对新恐惧

经过练习，相信你已经能够勇敢和自信地独自在空中驾驶热气球了。同样的道理，现在的你有没有发现，去上学或者离开爸爸妈妈一会儿是一件非常好玩的事情，也是一次自我成长、让自己更坚强和更自信的机会？

DAILY WEATHER

通过前面的飞行计划，你已经练习了很多的飞行时间，现在的你自信满满，请继续坚持下去。

即使你经历过很多焦虑，你仍然会有焦虑的时候。这并不意味着你忘记了之前学过的东西，成长中遇到挫折是非常正常的。

不过，你已经有很多方法可以用来克服新的焦虑，不妨把挫折看成一个练习机会。

你练习得越多，就越能够应对新的焦虑。

现在，我们想象一下，暑假要结束了，第二天就要去上学了，可是今天晚上你害怕去上学，你感到自己的肚子疼。

你该怎么办?

PENCILS

现在让我们回忆一下所学过的飞行课程：

101飞行学校
克服恐惧，勇敢起飞！

1. **观测能见度**：有没有一些无益想法遮挡了你的视野？
2. **驱散乌云**：就像太阳驱散乌云一样，你也可以用现实想法战胜无益想法。
3. **调高温度**：多想一些向上想法给自己鼓劲，就像调高热气球的温度，让它升高一样。
4. **解除沙袋**：有一些无益行为就像沙袋一样，会让你的热气球降落，阻碍你飞行。勇敢地向它们说再见。

5. **做有益行为**：调高热气球的温度，给自己加油。

6. **正视恐惧，慢慢来**：对自己要有耐心，每一件事情都要给自己足够的时间来减轻焦虑。

7. **练习、练习再练习**：不要荒废自己的技能，经常练习有关分离的事情，才能继续做一名优秀的飞行员。

当你感觉到害怕时，想一想你学过的办法，勇敢面对挫折和恐惧。要知道，正视恐惧才是克服恐惧的最好方式。想一想，你勇敢地驾驶着自己的热气球在空中漂浮，微风轻轻吹着，阳光暖暖地照在脸上，这样的感觉是不是很棒！

你能做到!

学习驾驶热气球的过程很不容易，不过，现在你已经成为了一名优秀的飞行员。你练习得越多，你就越容易学会，就像你刚开始学骑自行车时，你觉得很难，但经过多次练习，你已经能够轻松地骑自行车了。

现在的你勇敢、坚强，学会了很多新本领。相信你能够勇敢地迈出家门，去认识外面广阔的世界，体验丰富多彩的生活。想象着你现在正在高空中的热气球里，欣赏着四周美丽的风景，呼吸着新鲜的空气。把你自己——一名冷静、自信、勇敢、优秀的飞行员画出来吧。

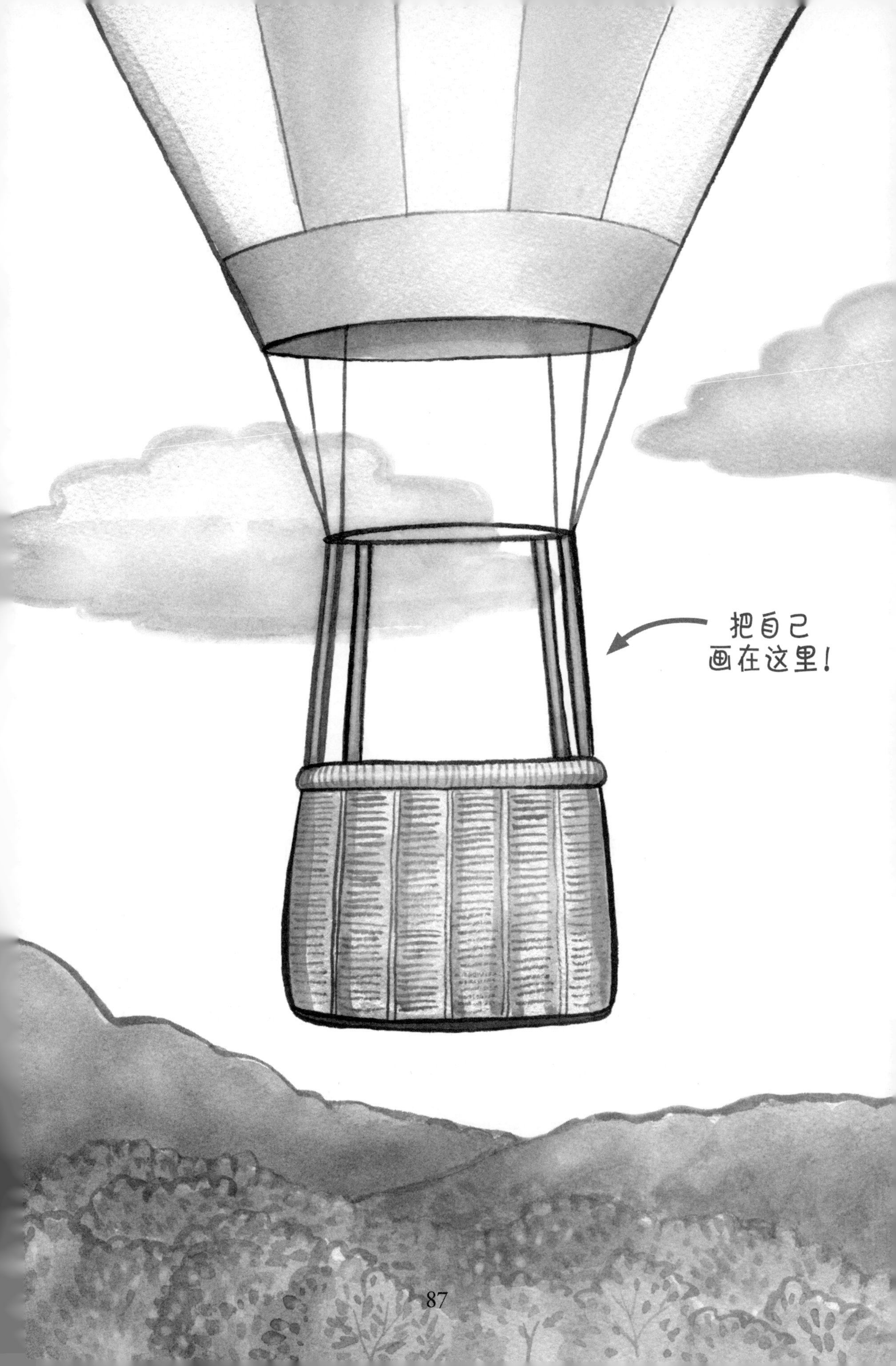
把自己
画在这里！

祝贺你完成了规定的飞行时间！你已经是一名优秀的飞行员了，请填写你的飞行执照：

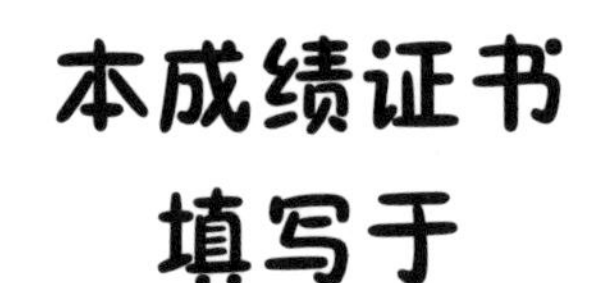

____

（请在此处填写日期）

在此证明

____

（请在此处填写你的名字）

是一名优秀的飞行员。他能够用现实想法驱散像乌云一样的无益想法，不再做无益行为，用向上想法和有益行为鼓励自己，勇敢飞向更高的天空，探索广阔的世界！